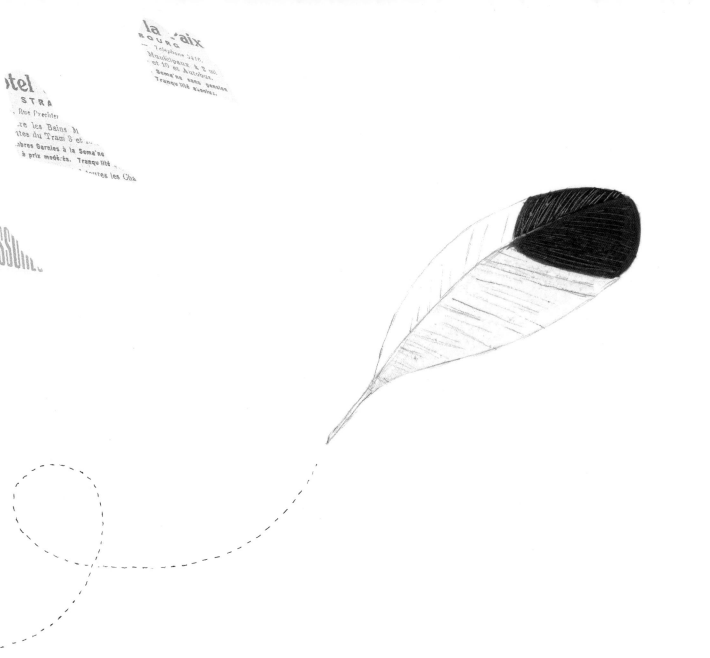

| 万物的秘密 · 自然 |

变幻的天气

〔法〕安妮-克莱尔·莱韦克 著

〔法〕杰罗姆·佩拉 绘

苏迪 译

人民文学出版社

PEOPLE'S LITERATURE PUBLISHING HOUSE

云里雾里、寒风凛冽、大雨如注、烈日当头、
疾如闪电、迅雷不及掩耳……

和天气相关的词语数不甚数！
我们说话时总是喜欢用上它们，
然而，天气作为一门科学，却是复杂又严谨的。

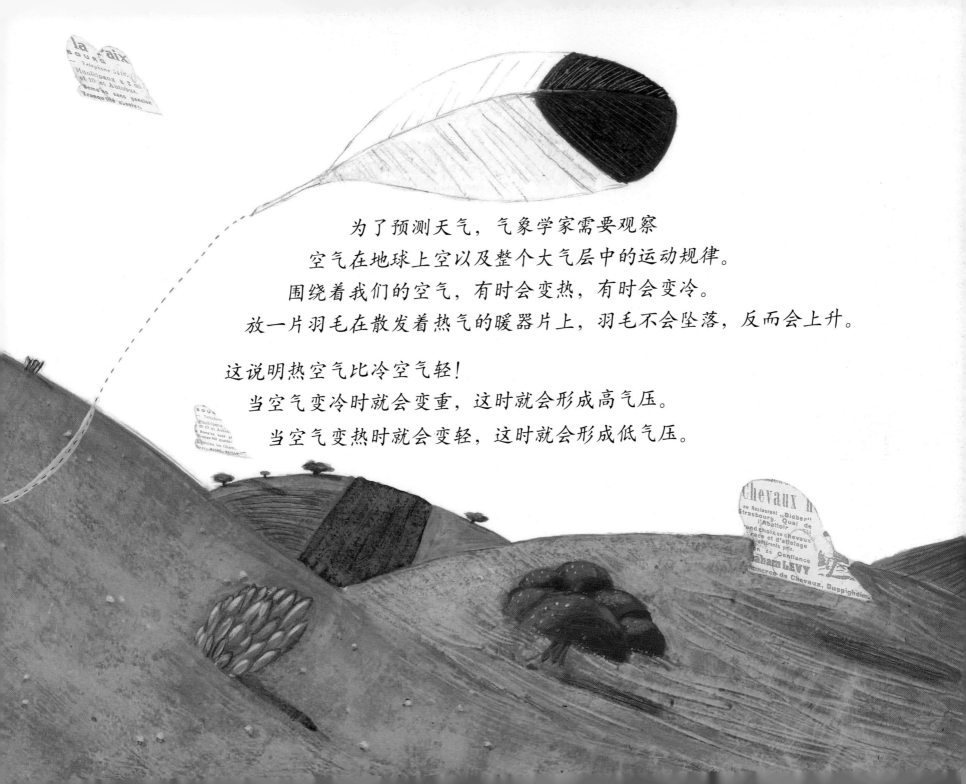

为了预测天气，气象学家需要观察
空气在地球上空以及整个大气层中的运动规律。
围绕着我们的空气，有时会变热，有时会变冷。
放一片羽毛在散发着热气的暖器片上，羽毛不会坠落，反而会上升。

这说明热空气比冷空气轻！
当空气变冷时就会变重，这时就会形成高气压。
当空气变热时就会变轻，这时就会形成低气压。

显然，这是一场发生在空气之间的对决！
一边是冷空气。
干燥的它坠向地面，
成为了将云驱散的高气压。
另一边是与它势不两立的对手：低气压！
这是一种温暖、潮湿的空气，它一个劲儿升向高空，
冷却后将变成云。

想调解这种冲突是徒劳的……
当热空气遇到冷空气，
冲突在所难免，它们将会掀起一阵风！

气象站

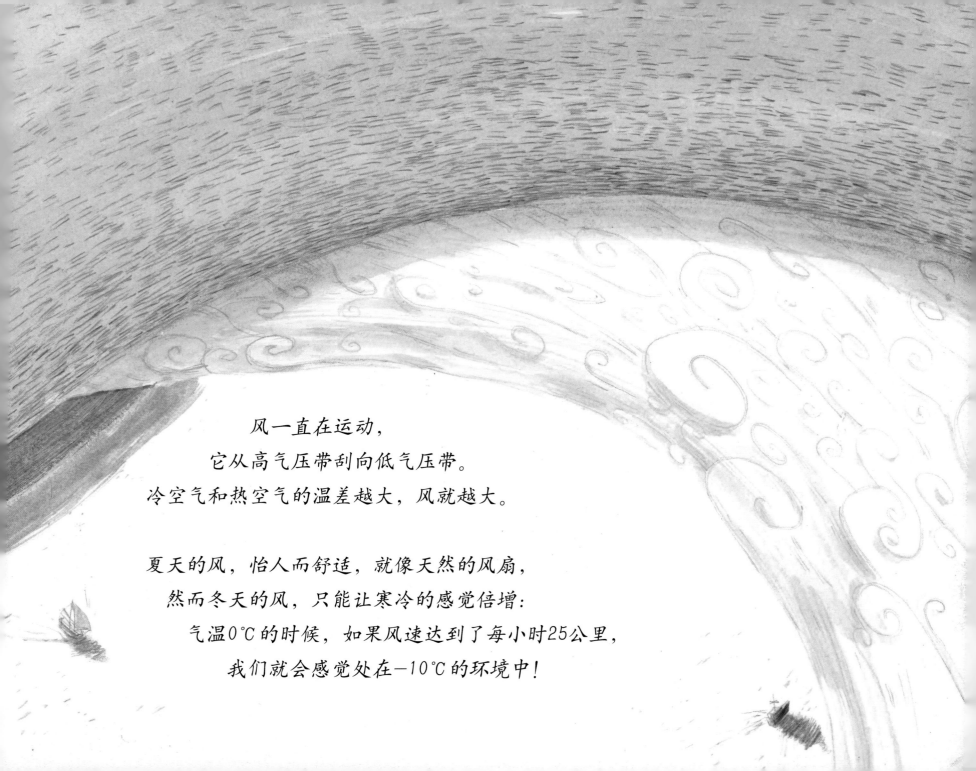

风一直在运动，
它从高气压带刮向低气压带。
冷空气和热空气的温差越大，风就越大。

夏天的风，怡人而舒适，就像天然的风扇，
然而冬天的风，只能让寒冷的感觉倍增：
气温0℃的时候，如果风速达到了每小时25公里，
我们就会感觉处在-10℃的环境中！

风有时会引发灾难。比如说飓风，我们也叫它旋风或者台风。
它们在海上形成，风速可以达到每小时360公里，并伴随着暴风雨！

在陆地上，最令人担忧的是龙卷风。
它旋转起来形成的巨大气旋就好像一个巨人，能够拆毁沿途的所有东西。

积雨云

层云

让我们来一次乘风的旅行，
云会通过它的形状或高度告诉我们天气何时变化。

高空中有一种卷云，
如果它拖着尾迹，通常预示着坏天气即将来临。

底部平坦，像奶油一样松软的积云，
是好天气的预兆。

但是要当心！如果它们涨大并坠向地面，
就会变成引发暴风雨的积雨云。

最糟的是层云，它们浓密、低沉，
能遮住白天的阳光。

积云

卷云

当水珠和冰晶悬浮在高空，
让云呈现出漂亮的白色时，
这样的美景说明天气很好。
但是，如果云负载的水分太多，云就会变重，下沉……最终破裂！

冰晶一边坠落，一边融化，变成了水滴：这就是雨。
有时候，小水珠仍然悬浮在接近地表的低空，
我们就会身处在大雾中……

如果冷空气来袭会怎样？

这时，云中的小冰晶会聚成精美的雪花。

它们彼此黏在一起，又变成了雪片。

当气温降到约0℃的时候，天就会下雪！

此时天空一片神奇的景象……

哇，空中出现了电光！
但它们是从哪里来的？
在风暴云里，
细小的冰晶运动很激烈，
于是它们的体积越聚越大，
互相的撞击也变得越来越强烈，
大量的电由此产生了……

云顶带有正电；
云底带有负电。
当这两股相反的力量互相吸引，
它们就会爆炸：产生雷声和闪电！
由于声音比光传播速度慢，
所以我们会先看到闪电，再听到雷声。

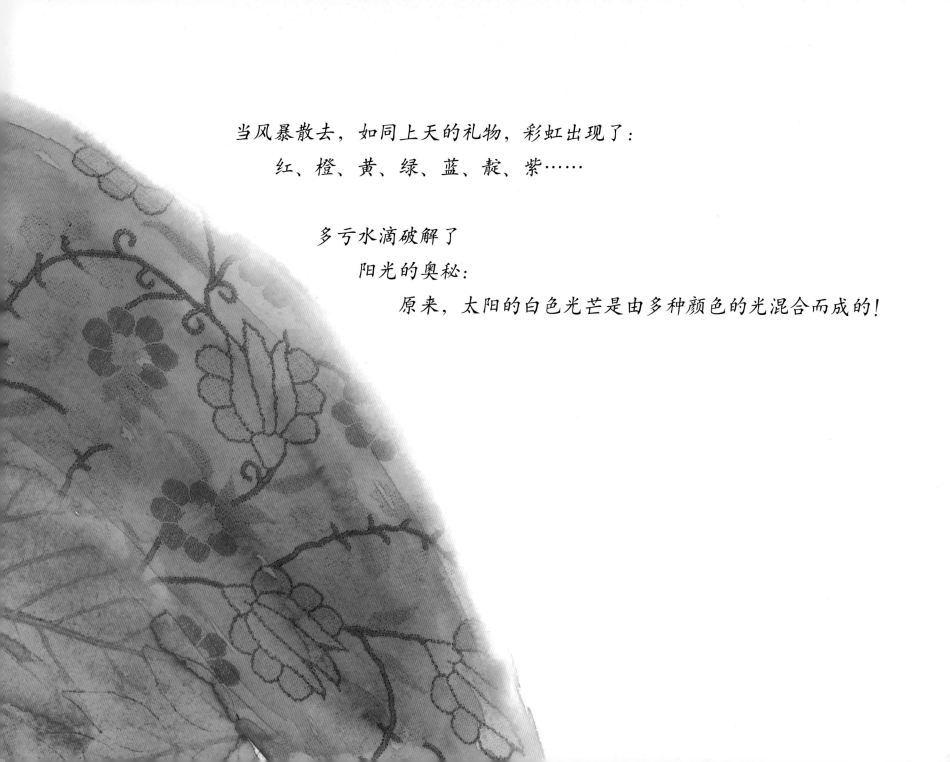

当风暴散去，如同上天的礼物，彩虹出现了：

红、橙、黄、绿、蓝、靛、紫……

多亏水滴破解了

阳光的奥秘：

原来，太阳的白色光芒是由多种颜色的光混合而成的！

为了预知天气，
科学家们收集了来自
卫星、雷达站和气象站的观测数据。
他们利用超级计算机
对这些数据进行分析，
最终写出他们的气象报告……

你也可以通过使用
温度计、气压计和风向标，
简单地预知
明天的天气。

别错过另一些讯息：
面包变软说明天要下雨，
美丽的晚霞预示着
明天会有好天气……

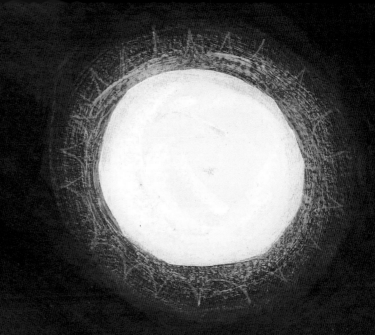

每天的天气变化形成了季节的更替。

太阳的光芒给予地球的热量并非一成不变：
极地获得的热量很少，赤道附近获得的很多。

历时30年，科学家们通过对世界各地的
日照、温度和降雨进行研究，
总结出了五大气候类型。

我们这就来一场环球旅行吧！
位于地球两端的北极和南极被冰川覆盖，
它们属于极地气候，拥有两个不同的季节：
一个漫长的、冰封的冬季和一个短暂的、温和而潮湿的夏季。

我们知道，欧洲和其他位于极地与赤道之间的地区，
都拥有怡人的气候。
当然，它们各有不同！
我们把它们分为大陆性气候、海洋性气候和地中海气候……

在赤道附近，我们会遇到热带气候，
它只有两个季节：旱季和雨季。

赤道气候只有一个季节：
全年炎热、潮湿！

最后，在沙漠里，
白天（很热）和黑夜（很凉）的温差尤其巨大。

"将不会再有冬季了！"面对全球变暖，有人有这种担心……

但是，关于地球气候的真正问题在于它的变化是否正常？

气象学家已经证实，气候变化的总趋势令人担忧：

1980年到2012年间，地球的温度达到了史上最高！

当然，我们行星的气候确实一直在变，

但在过去，这些变化需要一两万年才会产生……

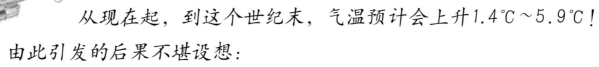

从现在起，到这个世纪末，气温预计会上升1.4℃～5.9℃！

由此引发的后果不堪设想：

海平面上升，岛屿、海岸、土地被淹没，各种极端天气频繁……

造成这一切的主要原因是能源的大量消耗！

这产生了太多的二氧化碳，加剧了温室效应。

但有一个好消息！

我们将采取一切手段，减缓和控制气温上升。

变幻的天气

为了了解天上发生了什么，我们必须远离地面，来到大气层中。这层气体保护膜环绕在我们行星的周围，它在气象中充当着一个重要角色。如果没有它，我们将无法在地球上生存：夜间温度将会降到-150℃，白天温度将会升到100℃！

大气层中的空气都有重量，这些重量或重或轻地施加在地面上：这就是气压。气压会因我们所处的位置和空气的温度发生变化：在海拔高的地区，气压比海平面的低；空气越热气压越低，反过来，如果空气是冷的，我们就会叫它高气压。

空气的运动都源于高气压和低气压的形成，它们决定着我们天空的阴晴。

当一股冷空气坠向地面时，它的气压会增大，气压增大又会导致气温开始上升：这就是可以让空气变得干燥的高气压，它能让云消散。在夏天，它是好天气的预兆；在冬天，它会招来晴朗的低温天气。

当潮湿的热空气向上移动时，低气压就会形成。上升的热空气遭遇了高空的冷空气，其中的水汽就会凝结成云。

总之，气压差的形成会造成大气波动。

高气压和低气压永远不会"混合"，但它们会在大气层中碰撞，并且形成各自的"阵营"。在气象图中，我们会根据它们的冷热分别把该阵营涂成蓝色或红色。在这两个阵营的共同作用下，空气发生了运动，由此产生了风。风力的大小，取决于两个阵营之间的温度差。

即使受其干扰，人们也不记恨风，世界各地的居民都为自己家乡的地方

风取了名字：在法国南部的北风，被叫作"密斯脱拉"；在突尼斯的热风，被叫作"西洛可"；在加拿大和美国的地方风，被叫作"布利扎德"；在南非的地方风，被叫作"开普医生"……

但是，风也可能带来巨大的灾难！比如说，在热带（加勒比海、东南亚或南太平洋），我们可以看到一种壮观的灾难性气象：飓风（有些地区称为台风或旋风）。当海洋的温度到达26℃的时候，这种特有的气象就会发生。海洋的海水大量蒸发，进入空气；潮湿的热空气形成了直径数百公里的巨云；慢慢地，云变成了一个漩涡，其中的空气疾速回旋，形成的飓风就像一台恐怖机器，足以毁灭一切。可奇怪的是，在飓风正中心，一切风平浪静：那里的天很蓝，几乎没有微风吹拂……那里就是人们通常所说的"飓风眼"！

预知灾难何时降临能够挽救生命！科学家们通过地面的气象站、雷达站，以及太空探测器收集信息，再进行破译，就可以预测天气。气象中心使用的计算机是全世界最大的，因为它们每秒钟需要进行数十亿次计算……

大气中有上百种气体，其中二氧化碳会引发"温室效应"。温室效应是一种能够保存我们行星温度的自然现象。消耗能源和人类从事其他活动所制造的气体都会加剧温室效应，引发全球气候变暖。这种变化的直接后果：两极冰川融化，海洋面积扩大。

在未来，这种气候变化还有可能导致极端天气越来越多……

随手关灯、随手关闭电脑、减少电器使用、避免过度加热、减少汽车的使用、更多利用自行车和火车……让我们大声疾呼，请国际组织推广这些好办法。为了一个更好的未来，我们需要学会改变！

著作权合同登记：图字 01-2020-1499 号

Anne-Claire Lévêque, illustrated by Jérôme Peyrat
La pluie et le beau temps

图书在版编目 (CIP) 数据

变幻的天气 /（法）莱韦克著；（法）佩拉绘；
苏迪译. —北京：人民文学出版社，2015（2024.4 重印）
（万物的秘密. 自然）
ISBN 978-7-02-011248-7

I. ①变…　Ⅱ. ①莱…　②佩…　③苏…　Ⅲ. ①天气－儿童读物
IV. ① P44-49

中国版本图书馆 CIP 数据核字（2015）第 284245 号

责任编辑：卜艳冰　杨　芹
装帧设计：高静芳

出版发行　人民文学出版社
社　　　址　北京市朝内大街 166 号
邮政编码　100705
网　　　址　凸版艺彩（东莞）印刷有限公司
经　　　销　全国新华书店等
字　　　数　3 千字
开　　　本　850 毫米 ×1168 毫米　1/16
印　　　张　2.5
版　　　次　2016 年 3 月北京第 1 版
印　　　次　2024 年 4 月第 5 次印刷
书　　　号　978-7-02-011248-7
定　　　价　35.00 元